◎锐扬图书／编

环保家居设计与材料应用 2000例

ENVIRONMENTAL HOME DESIGN AND MATERIAL APPLICATION OF 2000 CASES

HOME DESIGN　餐厅 卧室 书房 休闲区

中国建筑工业出版社

图书在版编目（CIP）数据

餐厅 卧室 书房 休闲区/锐扬图书编.—北京：中国建筑工业出版社，2011.8
环保家居设计与材料应用2000例
ISBN 978-7-112-13383-3

Ⅰ.①餐… Ⅱ.①锐… Ⅲ.①住宅-室内装修-建筑设计-图集②住宅-室内装修-建筑材料-图集 Ⅳ.①TU767-64②TU56-64

中国版本图书馆CIP数据核字（2011）第141441号

责任编辑：费海玲
责任校对：党 蕾 王雪竹

环保家居设计与材料应用2000例
餐厅 卧室 书房 休闲区
锐扬图书/编

*

中国建筑工业出版社出版、发行（北京西郊百万庄）
各地新华书店、建筑书店经销
北京锐扬图书工作室制版
北京画中画印刷有限公司印刷

*

开本：880×1230毫米 1/16 印张：6 字数：180千字
2011年12月第一版 2011年12月第一次印刷
定价：29.00元
ISBN 978-7-112-13383-3
（21132）

版权所有 翻印必究
如有印装质量问题，可寄本社退换
（邮政编码 100037）

环保家居设计与材料应用
Environmental home design and material application of 2000 cases
2000例

Contents 目录

05 餐厅
营造健康的就餐环境

- 07　什么是环保装修
- 09　餐厅环保装修如何实现
- 12　餐厅设计要保证合理的照度
- 17　餐厅的色彩如何设计
- 20　最常见的室内装修污染有哪些
- 23　室内环境污染的若干体现
- 26　室内环境污染有哪些误区和盲点
- 29　室内空气污染检测要注意什么
- 32　甲苯有什么危害
- 37　桌椅的健康高度是多少
- 38　厅柜的健康高度是多少

39 卧室
私密性空间的绿色设计

- 41　如何合理设计卧室灯光
- 43　卧室照明如何变得柔和
- 44　灯具不可过于花哨
- 47　如何通过设计保证卧室的私密性
- 48　如何降低室内噪声污染
- 51　卧室健康装修有哪些禁忌

Contents 目录

52	卧室色彩如何选择
55	怎样购买健康的儿童家具
57	床的健康高度是多少
59	壁纸的污染有哪些
60	绿色壁纸有什么特点
62	怎样选购无毒壁纸
67	卧室适合粘贴壁纸吗

69 书 房
书房空间装饰设计——个性与内涵的体现

71	书房装修以静为先
74	书房照明如何设计才能更健康
77	什么是环保家具
79	环保健康家具有什么要求
82	书房家具如何选购

83 休闲区
室内休闲区——现代都市的"减压阀"

85	如何设计才能营造舒适的休闲区
87	家具的安全性不可忽视
89	环保家具选购窍门
91	如何选购板式家具
93	沙发的健康高度是多少
95	如何选购沙发
96	电视柜的健康高度是多少

餐　厅

营造健康的就餐环境

　　餐厅是人们平时的饮食空间，它的环保装修是非常重要的。装修材料的指标要符合国家规定并无碍健康，在设计中要考虑房屋单位面积内装修材料最佳使用量，同时还要考虑家具、地板等产品甲醛释放的叠加效应。所以，绿色餐厅装修应以自然、安全、简洁、美观、舒适为目标，进行有利健康、有利环境、有利生态的装修设计，并选用增进食欲的装饰品，如选用花草、水果及风景的照片等来点缀。

彩色乳胶漆　　白色抛光砖　　冰裂纹玻璃　　　　反光灯带　　装饰画

反光灯带　　装饰壁纸　　石膏板拼贴

混纺地毯　　装饰画　　白色乳胶漆

环保知识

什么是环保装修

许多人认为在装修中，环保装修无非是采用一些无污染或少污染的装饰材料，与设计并没有太大关系。其实不然，如果对空间设计不加以规划，装饰过度，必然会变成视觉污染，装饰也变成了没有节奏、没有韵律的堆砌，当然就没有了原本追物的环保空间。另外，如果过度装饰，使原本狭小的空间更拥挤了，室内靠人工调节空气，既浪费又不舒服。所以环保装修除了指装饰材料的环保外，还包括不做过度的装饰，以减少视觉污染，而环保的空间设计所提倡的更是让室内设计贴近自然，使室内能源利用得到最大化。

反光灯带　　　　艺术玻璃

装饰画　　　　彩色乳胶漆

亚光面地砖　　　　实木线条密排

装饰画　　　　彩色乳胶漆

纯毛地毯　　　　装饰画

反光灯带　　　铝制卷帘

装饰画　　　亚光面地砖

清玻璃　　　彩色乳胶漆　　　　　　　　艺术玻璃

环保知识

餐厅环保装修如何实现

地面一般应选择大理石、花岗石、瓷砖等表面光洁、易清洁的材料。墙面在齐腰位置要考虑用耐碰撞、耐磨损的材料，如选择一些木饰、墙砖作局部装饰、护墙处理。顶面宜以素雅、洁净材料做装饰，如乳胶漆等，有时可适当降低顶面高度，以给人亲切感。餐厅中的软装饰，如桌布、餐巾及窗帘等，应尽量选用较薄的化纤类材料，因厚实的棉纺类织物极易吸附食物气味且不易散去，不利于餐厅环境卫生。

石膏板拓缝　　石膏板吊顶　　散热器

反光灯带　　装饰壁纸

茶色玻璃　　实木造型混漆

复合木地板　　装饰吊顶灯

木质格栅　　成品布艺窗帘

装饰画　　　　　　　磨砂玻璃

装饰壁纸　　　　　　反光灯带

实木地板　　　　　　白色乳胶漆

艺术地毯　　　　　　反光灯带

装饰壁纸　　　　反光灯带　　　　成品布艺窗帘

茶色玻璃　　　石膏板吊顶

艺术墙贴　　　实木立柱隔断　　　复合木地板

成品装饰珠帘　　　柚木饰面板

大理石拼花　　　石膏板吊顶

实木造型混漆　　　反光灯带

纯毛地毯　　　聚酯玻璃

木质格栅　　　复合木地板　　　石膏板吊顶

石膏板吊顶　　　仿古砖地面

Environmental home design and material application of 2000 cases

设计贴士

餐厅设计要保证合理的照度

在餐饮环境中的照明设计中，要创造出良好的气氛，光源和灯具的选择范围很广，但要与室内环境风格协调统一。为使饭菜和饮料的颜色逼真，选用光源的显色性要好。在创造舒适的餐饮环境气氛中，白炽灯的运用多于荧光灯。桌上部、凹龛和座位四周的局部照明，有助于创造出亲切的气氛。在餐厅设置调光器是必要的。餐厅内的前景照明可在100lx左右，桌上照明要在300～750lx之间。一般情况下，低照度时宜用低色温光源，随着照度变高，就有向白色光的倾向。对照度水平高的照明设备，若用低色温光源，就会感到闷热。对照度低的环境，若用高色温的光源，就有青白色的阴沉气氛。但是，为了很好地显示出饭菜和饮料的颜色，应选用显色指数高的光源。

装饰吊灯　　　白色乳胶漆

红松木装饰横梁　　　仿古砖地面

文化砖贴面　　　白色乳胶漆

实木角线

装饰壁纸

亚光面地砖　　　胡桃木横梁

装饰壁纸　　　石膏板吊顶

釉面砖　　　装饰壁纸

反光灯带　　　装饰壁纸

木质格栅　　　复合木地板　　　彩色乳胶漆

创意搁板　　彩色乳胶漆

马赛克贴面　　成品布艺窗帘

装饰画　　石膏板吊顶

实木地板　　装饰壁纸

装饰壁纸　　石膏板吊顶

艺术玻璃　　反光灯带　　装饰壁纸

木质搁板　　复合木地板

反光灯带　　白色乳胶漆

实木造型混漆　　　　木质搁板

艺术玻璃　　　　仿古砖地面

复合木地板　　　　彩色乳胶漆

实木造型混漆　　　　艺术玻璃

复合木地板　　　　反光灯带　　　　装饰画

樱桃木饰面

艺术玻璃

亚光面地砖

装饰画　　　反光灯带

大理石地面

仿古砖地面　　　木质搁板

装饰画　　　艺术玻璃

彩色乳胶漆　　　　　　反光灯带

餐厅的色彩如何设计

就餐环境的色彩配置，对人们的就餐心理影响很大。餐厅的色彩宜以明朗轻快的色调为主，最适合用的是橙色系列的颜色，它能给人以温馨感，刺激食欲。桌布、窗帘、家具的色彩要合理搭配，如家具颜色较深时，可通过明快清新的淡色或蓝白、绿白、红白相间的台布来衬托。此外，灯光也是调节色彩的有效手段，如用橙色白炽灯，经反光罩以柔和的光线映照室内，形成橙黄色的环境，就会消除冷清感。另外，挂上一幅画，摆上几盆花，也都会起到调色、开胃的作用。

装饰壁纸　　　　　　镜面吊顶

复合木地板　　　　　　洞石

青砖饰面　　　　　　木质窗棂造型

反光灯带　　　　　　木质格栅

艺术玻璃

装饰画　　红松木立柱

实木地板　　装饰画

石膏板吊顶　　装饰壁纸

烤漆玻璃　　装饰画

镜面吊顶　　石膏板吊顶

- 反光灯带
- 艺术玻璃
- 米黄大理石

直纹斑马木饰面　　复合木地板　　　竹制卷帘　　　马赛克拼贴

装饰画　　　　　装饰壁纸　　　　聚酯玻璃　　　装饰画

餐厅　卧室　书房　休闲区

环保知识

最常见的室内装修污染有哪些

室内环境污染按照污染物的性质分为三大类。第一大类为化学污染，主要来自装修、家具、玩具、燃气热水器、杀虫喷雾剂、化妆品、香烟、厨房的油烟等；第二大类为物理污染，主要来自室外及室内的电器设备产生的噪声、光和建筑装饰材料产生的放射性污染等；第三大类为生物污染，主要来自寄生于室内装饰装修材料、生活用品和空调中产生的螨虫及其他细菌等。

反光灯带　　　　　红樱桃木饰面

木质搁板　　　　　白色乳胶漆

成品装饰珠帘　　　　彩色乳胶漆

发光灯槽　　　红松木吊顶　　　中空玻璃

装饰画

艺术玻璃　　　　木质搁板

木质搁板　　　装饰画

复合木地板　　　反光灯带

松木板吊顶　　　钢化玻璃

装饰壁纸

白色乳胶漆　　　　装饰画

石膏板吊顶

餐厅　卧室　书房　休闲区

Environmental home design and material application of 2000 cases

石膏花式角线　　装饰壁纸　　装饰壁纸　　装饰壁纸

反光灯带　　艺术墙贴　　白色乳胶漆　　装饰画

装饰壁纸　　反光灯带　　钢化玻璃立柱　　创意搁板

文化砖贴面　　大理石地面　　亚光面地砖　　装饰画

纯毛地毯　　　艺术玻璃

环保知识

室内环境污染的若干体现

1. 每天清晨起床时，感到憋闷、恶心甚至头晕目眩；

2. 家里人经常容易患感冒；

3. 不吸烟，也很少接触吸烟环境，但经常感到嗓子不舒服，有异物，呼吸不畅；

4. 孩子常咳嗽、打喷嚏、免疫力下降，新装修的房屋孩子不愿回去；

5. 家里人常有皮肤过敏等毛病，而且是群发性的；

6. 家里人都共有一种疾病，而且离开这个环境后，症状就有明显变化和好转；

7. 新婚夫妇长时间不孕，查不出原因；

8. 孕妇在正常情况下，发现胎儿畸形；

9. 新搬家或新装修后，室内植物不易活，叶子容易发黄、枯萎，特别是一些生命力极强的植物也难以正常生长；

10. 新搬家后，家养的宠物猫、狗，甚至热带鱼莫名其妙地死掉，而且邻居家也这样。

实木造型混漆　　　艺术墙贴

装饰画　　　反光灯带

胡桃木　　　复合木地板

Environmental home design and material application of 2000 cases

镜面吊顶　　反光灯带　　　　　　木质搁板　　抛光砖地面

装饰画　　石膏角线　　　　　　创意搁板　　墙砖

博古架　　艺术玻璃　　石膏板背景

反光灯带

艺术玻璃

大理石地面

实木线条混漆　　装饰壁纸

反光灯带　　金属线条隔断

装饰画　　金属线条隔断　　白色乳胶漆　　装饰画　　成品铁艺

餐厅　卧室　书房　休闲区

环保知识

室内环境污染有哪些误区和盲点

1. 用达标材料就避免污染

达标材料是指有害物质释放量低于国家标准，如国家对人造板及其制品的甲醛释放规定的强制性国家标准为每升空气中不得超过1.5mg。但如果相同的材料在一定面积内大量累积使用，其有害物质也是累积的，最后有可能会造成装修好的房子有害物体超标。另外，建材市场目前相对混乱，产品良莠不齐，可能存在掺假现象，甚至"达标材料"未必真正达标。

2. 单靠通风来降低室内污染

通风有助于甲醛、苯等有害物质的释放。但甲醛的释放期一般都在5年以上，最长的达15年，苯系物的释放期也在6个月到1年。通风并不能使有害物质完全挥发，况且大多数人在新房装修好后往往通风不足半年就入住。因此，单纯依靠通风并不能从根本上解决室内的空气污染问题。

3. 简单凭气味来判断室内是否有污染

在有毒、有害气体中，有的是有味的，如苯有特殊的芳香味，甲醛有刺激性气味；但是也有无色无味的，如氡，细菌病毒等。此外，人的嗅觉对气味的感知度也有一定的范围，且因人而异，所以，单凭气味来判断室内是否有污染是不科学的。

4. 装修污染没有多大危害

室内污染的危害对老人、儿童、孕妇尤其严重。现已有报道污染导致儿童白血病、死胎、畸形儿，老人的癌症，以及全家人莫名奇妙地萎靡不振，呼吸道病变等。据北京某医院的统计，在该院收治的白血病患儿中，有90%近两年家里曾经装修过，而且大部分为豪华装修。

装饰画　　　　　复合木地板

发光灯槽　　　　石膏板吊顶

白色乳胶漆　　艺术玻璃　　木质格栅

木质搁板

白色乳胶漆

装饰画　　　石膏吊顶　　　装饰壁纸　　　　镜面吊顶　　　彩色乳胶漆

反光灯槽　　　装饰壁纸　　　　反光灯带　　　彩色乳胶漆

磨砂玻璃　　　彩色乳胶漆　　　　木质搁板　　　反光灯带

石膏板吊顶　　　抛光砖地面　　　　松木板吊顶　　　实木线条密排

餐厅　卧室　书房　休闲区

27　Environmental home design and material application of 2000 cases

彩色乳胶漆　　装饰画　　创意搁板　　　　　实木造型混漆　　石膏板吊顶

装饰画　　成品装饰珠帘　　马赛克贴面　　　　实木地板　　钢化玻璃

大理石地面　　石膏板吊顶　　　　装饰画

聚酯玻璃　　　木质搁板

复合木地板　　　中空玻璃

反光灯带　　　抛光砖地面

磨砂玻璃　　　木质隔板

环保知识

室内空气污染检测要注意什么

最佳检测时间：民用建筑工程应在装修工程完工至少七天以后、工程使用前进行。对个人装修家庭建议最好装修工程完工后一个月以后、全部家具完全到位一星期以后进行检测，这期间应保证充分的通风，以利于有害物质的散发，使检测结果更接近于实际使用时的状况。

最佳封闭时间：对采用自然通风的民用建筑工程，检测采样应在对外门窗关闭1小时后进行；当发生争议时，对外门窗关闭时间以1小时为准。对准备入住或已经入住的装修家庭，检测采样时门窗关闭时间为12小时（人们正常晚上睡觉时的关窗时间在12小时以上，亦不会超过20小时），故进行空气采样时门窗关闭12～20小时的检测结果会更接近真实。

采样点的确定：房间使用面积<50m²时，检测点数：1个；50m²≤房间使用面积<100m²时，检测点数：2个；100m²≤房间使用面积<500m²时，检测点数：不少于3个。

其他注意事项：封闭过程和检测过程中不要进行影响测试结果的活动，如吸烟和使用燃气灶等。检测现场需清理干净，不能堆放残余的涂料、油漆、板材等。封闭过程和检测过程中不要使用化工产品，如空气清新剂、香水，等等。

木质搁板　　　青砖饰面

彩色乳胶漆　　反光灯带

装饰壁纸　　镜面

装饰壁纸　　亚光面地砖

大理石地面　　石膏板吊顶　　反光灯带

白色乳胶漆　　反光灯带

大理石地面　　艺术玻璃

石膏板吊顶　　装饰画

装饰画　　白色乳胶漆

装饰画　　　白色乳胶漆　　　木质搁板　　　软木地板

装饰画　　复合木地板　　彩色乳胶漆　　反光灯带　　　木质搁板

反光灯带　　　亚光面地砖

甲苯有什么危害

甲苯主要来源于一些溶剂、香水、洗涤剂、墙纸、胶粘剂、油漆等，在室内环境中吸烟产生的甲苯量也是不容忽视的。

甲苯进入体内以后约有48％在体内被代谢，经肝脏、脑、肺和肾最后排出体外，在这个过程中会对神经系统产生危害，有实验证明，当血液中甲苯浓度达到$1250mg/m^3$时，接触者的短期记忆能力、注意力持久性以及运动速度均显著降低。

创意搁板　　反光灯带　　白色乳胶漆

反光灯带　　装饰画

复合木地板　　艺术玻璃

艺术墙砖　　石膏板吊顶

实木地板　　反光灯带

博古架　　　木质窗棂造型　　　大理石地面　　　石膏板吊顶

装饰画　　　反光灯带　　　反光灯带　　　装饰壁纸

反光灯带

木质搁板

聚酯玻璃

石膏装饰横梁　　艺术玻璃　　装饰壁纸　　仿古砖拼花

实木造型混漆　　亚光面地砖　　反光灯带　　文化砖贴面　　彩色乳胶漆

反光灯带

装饰画

复合木地板

镜面吊顶　　　　抛光砖地面

亚光面地砖　　　　木质格栅

大理石地面　　　　装饰画

手绘图案　　　铂金壁纸　　　聚酯玻璃

聚酯玻璃立柱　　反光灯带　　抛光砖地面

装饰壁纸　　　　白色乳胶漆

反光灯带　　　石膏装饰横梁

装饰壁纸　　　　木质搁板

Environmental home design and material application of 2000 cases

大理石地面　　石膏板吊顶

石膏板吊顶　　创意搁板

装饰画　　艺术玻璃

反光灯带　　石膏板吊顶

复合木地板　　磨砂玻璃　　装饰画　　装饰壁纸

艺术玻璃　　复合木地板　　白色乳胶漆

设计贴士

桌椅的健康高度是多少

桌椅高度应以人的座位（坐骨关节点）基准点为准进行测量和设计，高度通常定在39～42cm之间，小于38cm会使膝盖拱起引起不舒适感，并增加起立时的难度；椅子高度大于下肢长度5cm时，体压分散至大腿，使大腿内侧受压，易造成下肢肿胀。

实木造型混漆　　镜面吊顶　　白色乳胶漆

茶色玻璃　　镜面吊顶　　装饰画

实木造型混漆　　木质搁板

石膏板吊顶　　装饰吊灯　　彩色乳胶漆

木质搁板　　　　　石膏板吊顶

实木地板　　　　　铂金壁纸

创意搁板　　　　　装饰镜面

反光灯带　　　　　装饰壁纸

设计贴士

厅柜的健康高度是多少

　　40cm 高的低柜，这是一般坐面的高度，正好与沙发形成交流的高度。60～70cm 高的低柜兼作展示柜或放置电视都能获得比较理想的效果，这是适合大多数东方人的健康高度，这个高度对视线的回应及时而有效。高柜，最高处距房顶应维持40～60cm 距离。柜子搁板的层间高度不应小于22cm。小于这个尺寸会放不进 32 开本的书籍。考虑到摆放杂志、影集等规格较大的物品，搁板间层高一般选择 30～35cm 为宜。

实木线条密排　　　　　纯毛地毯

卧 室

私密性空间的绿色设计

卧室最主要的功能是满足睡眠需求，因此最重要的一个原则就是让人尽快地安静下来，尽快地入睡。但是，在这个前提下首先还是要从人体的健康出发，在满足功能性、实用性和装饰性的同时，最注重的应该是环保。要达到绿色卧室环境的要求，应注意室内装修的设计原则、设计方案、施工程序、装修材料的选择与室内空气质量检验等方面。家居装修在选择饰材时，最好选择那些通过ISO9000系列质量体系认证或有绿色环保标志的产品，尽量选用中国消费者协会推荐的绿色产品和国家卫生部门检验合格的产品。

实木地板　　　皮革软包

装饰壁纸　　　装饰画

装饰壁纸　　　复合木地板

成品布艺窗帘　　　装饰壁纸

成品布艺窗帘　　　布艺软包

白色乳胶漆　　　装饰画

如何合理设计卧室灯光

卧室不单是睡眠休息的地方，往往还兼有阅读、梳妆等其他功能。因此卧室的照明设计应具有实用性，又要体现个性和私密性。卧室的照明设计应侧重于舒适、温暖的气氛需要。除了要提供易于安睡的柔和光源之外，更重要的是要以灯光的布置来松弛白天的紧张情绪，创造舒适、安逸的睡眠环境，卧室照明的设计应避免任何强烈、刺激性的光线，而应以和谐、温柔、富于变化为原则，意在增添家庭生活的情趣，以利身心健康。卧室应选择眩光少的深罩型、呈乳白色半透明型照明器材，增设落地灯和壁灯、床头灯营造宽绰、休闲的空间。

皮革软包　　　纯毛地毯

装饰壁纸　　　复合木地板

布艺软包　　　艺术地毯

复合木地板　　　彩色乳胶漆

密度板拓缝　　　　实木地板

竹木地板　　　　装饰壁纸

装饰壁纸　　　　釉面地砖

装饰壁纸　　　　实木地板

装饰画　　　　反光灯带　　　　装饰画

设计贴士

卧室照明如何变得柔和

均匀漫射照明是一种利用光源反射装置所产生的照明方法,通常用顶棚透光材料,形成均匀照明。这类反射装置还有以织物、薄纸、细纱等滤光的,经过滤后的光线能达到柔和的效果,没有硬光斑及反光,给人以细腻柔和的感觉。因此,均匀漫射照明也常用于卧室、浴室和客厅。

装饰画　　　　　　　　彩色乳胶漆

艺术玻璃　　反光灯带　　成品布艺窗帘

装饰画　　　　　　　　复合木地板

手工绣制地毯　　反光灯带　　艺术玻璃

复合木地板　　　　　　彩色乳胶漆

中空玻璃

复合木地板

灯具不可过于花哨

灯具用好了有时尚、温馨之感，选用不当则可能成为室内彩光污染的主要来源。彩色光源不仅会让人眼花缭乱，还会干扰大脑中枢神经，使人头晕目眩、恶心呕吐、失眠等。因此，室内灯具选择时应尽量避免旋转灯、闪烁灯，以及彩色和样式过于复杂的大功率日光灯，建议选柔和的节能灯，既环保，又把"光污染"的影响减少到最小。书房、厨房要选择色温较高的光源（色温大于3300K）；起居室、卧室、餐厅宜采用暖色光源（色温小于3000K）；辅助光源，如壁灯、台灯，选择时需避免其亮度与周围环境亮度相差过大。

复合木地板　　手工绣制地毯　　石膏板吊顶

装饰画　　实木线条密排

纯毛地毯　　实木地板　　装饰壁纸

布艺卷帘　　复合木地板　　石膏板背景

装饰画　　纯毛地毯

石膏板吊顶

柚木饰面板

手工绣制地毯

布艺软包　　　反光灯带

艺术玻璃　　　反光灯带

干挂大理石　　　反光灯带

反光灯带　　　直纹斑马木饰面

石膏板吊顶　　　装饰画

复合木地板　　　石膏板吊顶

木质搁板　　　复合木地板

洞石　　　反光灯带

装饰壁纸　　　装饰画　　　复合木地板　　　射灯

装饰画　　　纯毛地毯　　　反光灯带

装饰壁纸　　　石膏板吊顶

设计贴士

如何通过设计保证卧室的私密性

卧室的私密性是我们不容忽视的。因此，在装修过程中，需要用良好的施工质量来保护你的隐私。

1. 不可见私隐

（1）门扇所采用的材料应尽量厚，不宜直接使用30mm或50mm的板材封闭，如果用50mm板的，宜在板上再贴一层3mm面板。门扇的下部离地保持在3～5mm左右。

（2）窗帘应采用厚质的布料，如果是薄质的窗帘，也应加一层纱帘。这对减少睡眠时光线的干扰也是有利的。

（3）善用帷幔。卧室如果空间很大，可以在床周围设置帷幔。一方面可以遮挡视线，另一方面也可以使床区更加温馨，还有防蚊虫的作用。

（4）设置卧室小玄关。有条件的话最好设置一个卧室小玄关，避免一览无余。

2. 不可听私隐

要求卧室具有一定的隔声能力。一般来说，现在隔墙的隔声都是足够的，但是有一些业主基于空间的问题，总是喜欢把两个房间中的隔墙打掉，然后做上一个双向或者单向的衣柜，如果其中一间为卧室，或对私密性要求较高的业主采用这种做法时就需要注意了。

艺术玻璃　　　反光灯带　　　胡桃木

环保知识

如何降低室内噪声污染

现在越来越多的家庭在购买和居住新房以后发现了噪声污染问题，而且难以解决，成为困扰生活和影响健康的一个重要问题。通过以下方式，可以有效降低噪声污染。

门窗改造：现在有专门生产的防火隔声门，每平方米大约1200元左右，装上隔声门噪声大约可以降低36dB。选择效果好的隔声窗。90%的外部噪声是从门窗传进来的。现在比较流行的方法是选用中空双层玻璃窗和塑钢平开密封窗，可以隔离70%～80%的噪声。

墙壁改造：大户型的住户，可以加装一层石膏板来降低噪声。具体操作是：首先用木龙骨把墙壁隔断，分成格，然后用3cm厚的岩棉填充填满，用石膏板封住，最后再刷上墙漆即可。小户型的住户，可以用软木覆盖在墙壁上，先用实木不等距呈几何图形地分隔墙壁，再用软木覆盖。改造墙壁后，噪声大约可降低50多分贝。

吊顶改造：一是在屋顶的龙骨上加隔声棉或矿棉板，这两种材料比较便宜。再就是选用铝扣的隔声材料，也叫吸声板。在客厅里装的铝扣隔声板可以采用曲线，有造型的，既可以隔声又可以装饰客厅。吊顶改造后大约可以降低20dB。

装饰画　　　　装饰壁纸

铂金壁纸　　　实木地板　　　成品实木雕刻

反光灯带　　　　装饰壁纸

成品布艺窗帘　　实木地板　　　装饰壁纸

装饰壁纸　　　装饰画

| 装饰画 | 纯毛地毯 | 彩色乳胶漆 | 彩色乳胶漆 | 混纺地毯 |

| 木质格栅 | 装饰壁纸 | 装饰壁纸 | 艺术玻璃 |

| 木质搁板 | 艺术玻璃 | 布艺软包 | 聚酯玻璃 |

| 装饰壁纸 | 反光灯带 | 装饰画 | 手工绣制地毯 | 装饰壁纸 |

餐厅　卧室　书房　休闲区

Environmental home design and material application of 2000 cases

反光灯带　　纯毛地毯

实木地板　　彩色乳胶漆

布艺软包　　红樱桃木饰面　　装饰壁纸

石膏板背景　　装饰画

艺术墙贴　　纯毛地毯

石膏板背景　　纯毛地毯

艺术玻璃　　装饰画

皮革软包　　纯毛地毯　　白色乳胶漆

设计贴士

卧室健康装修有哪些禁忌

卧室禁忌一：卧室放满绿色植物。绿色植物能够净化空气，增加含氧量，而且能舒缓紧张情绪，于是许多人把它们搬进了卧室。然而，当夜晚光照不足时，绿色植物吸入氧气、放出二氧化碳。加上睡觉时关闭门窗，室内空气不流通，就会使人长时间处于缺氧的环境，造成持续性疲劳，难以进入深度睡眠，长此以往会降低工作效率。而且因为植物的土壤中可能隐藏着大量霉菌，而霉菌会引发呼吸系统症状，如过敏或哮喘。

卧室禁忌二：在卧室里放置水族箱。养鱼是工作之余怡情养性的好选择，鱼缸蒸发的水汽还能调节室内空气的干湿度。但需要注意的是，最好不要在卧室内养鱼。这是因为，水族箱的体积不同于一般鱼缸，散发的水汽很多，会使室内的湿度增大，容易滋生霉菌，导致生物性污染。同时，水族箱的气泵还会产生噪声，影响睡眠。

卧室禁忌三：卫生间设在卧室里。目前大户型设计，主卧一般都会带有卫生间，简称主卫，主卫很方便，如洗浴、如厕不用出卧室，对人口多的家庭非常适用。但是卫生间再讲究，异味和潮湿都是难免的。尤其是多数主卫都没有窗户，只有一个通风口，卫生间的湿气也难免进入卧室，床上用品吸收了潮气，铺盖起来不舒服。长期潮湿的环境会让人感到特别不舒服，如头痛、发烧、关节痛等。

卧室禁忌四：电视、电脑都搬进卧室。电视、电脑、手机等工作时，产生的电磁波就是电磁辐射。电磁辐射超过一定强度后，就会致人头疼、失眠、记忆衰退、视力下降、血压升高或下降等。不要把家用电器摆放得过于集中或经常一起使用，特别是电视、电脑、电冰箱等不要集中摆放在卧室里，以免使自己暴露在超剂量辐射的危险中。

纯毛地毯　　　　　木质格栅

装饰画　　　　　石膏板吊顶

实木线条密排　　　亚光面地砖

布艺软包

实木地板

卧室色彩如何选择

根据居室色彩的选择原则，卧室色彩的选择要注意以下几点：

1. 卧室以暖色调或中性色调为主，尽量避免使用过冷或反差过大的色调。卧室的色调主要是由墙面、地面、顶棚、窗帘、床罩几大块色彩构成的。除墙面、地面、顶棚的色彩要统一协调外，要特别注意窗帘、床罩的色彩。人们在装饰装修房间时，大都在墙面、地面、顶棚的色彩已固定的情况下才再考虑窗帘、床罩，这就很容易产生不协调的情况。

2. 卧室色彩的选择在满足功能的前提下，除选择好主色调外，还要注意色彩的主次和层次，以及色彩的变化和对比。万一色彩不协调，可以用一些中性色（如黑、白、灰、金、银等）来调整（如利用卧室家具、窗帘、床罩等来适当调整），也可选择一些摆设（如花卉、装饰物、工艺品等）来进行微调。

3. 在卧室色彩的选择中要特别注意色彩对人的生理和情绪的影响。特别要提到的是青色的催眠作用。青色一般容易给人以寒冷感，从空间性来说是远感的结晶色，其效果是具有镇静作用，催人安定，是恢复心身的颜色之源。此外，青色对人体有促进吸收氧气的作用，它作为运动神经的一种镇静剂，能使人体松弛，减轻恶梦，促使催眠，年纪较大的人一般觉都较轻，卧室装饰中多选择青色也是较有益处的，而且效果也较好。

装饰画　　　　　　　　　纯毛地毯

装饰画　　　　　　　纯毛地毯　　　装饰画

石膏板吊顶　　　　　　　布艺软包

装饰壁纸　　　　　　　白色乳胶漆

装饰画　　　　　手工绣制地毯　　成品布艺窗帘

纯毛地毯　　　　　　复合木地板

皮革软包　　　　　　石膏板吊顶

纯毛地毯　　　　　　装饰壁纸

纯毛地毯　　　　　　实木线条混漆

艺术地毯　　　　　　装饰壁纸

装饰壁纸　　　　　　胡桃木饰面

混纺地毯　　　　　　艺术玻璃

装饰壁纸　　　复合木地板

艺术墙贴　　　纯毛地毯

白色乳胶漆　　　实木地板

装饰壁纸　　　艺术地毯

艺术墙贴　　　竹木地板

实木地板　　　实木装饰横梁

艺术玻璃　　　装饰壁纸

白色乳胶漆　　　布艺软包

纯毛地毯　　　艺术墙贴

反光灯带　　　复合木地板

石膏板吊顶　　　竹木地板

装饰画　　　石膏板背景　　　复合木地板

材料贴士

怎样购买健康的儿童家具

选购儿童家具时，安全性应是我们首先考虑的问题，应从以下三个方面进行注意：

1. 注意儿童家具材料的安全性：对于儿童家具主材料的选择，建议最好选用比较接近自然的木质原料或绿色环保材料，以原木为主，也可选用竹材、藤材等天然材料。儿童家具表面涂层最好选用塑料贴面或其他无害涂料，尽量少用油漆工艺，以防含铅超标或者掉漆。在儿童易接触的家具外表面，不要选用易碎的材料（如玻璃、镜面）等作面板材料，还要注意严格确保固定家具用的铆钉等金属物件不要外露或镶以橡胶条等柔软之物，以防孩子在玩耍中碰伤。

2. 注意儿童家具形态设计的安全性：儿童家具最好不要见棱见角，边部、角部最好修成触感很好的圆角，防止儿童刮伤。其次，儿童喜欢在地面上玩耍，为避免起身时的头部碰撞，最好选购封闭式的家具设计，且面板不应采用外伸的造型。

3. 注意儿童家具色彩的安全性：建议选购活泼、明快色彩的家具，最好选用红、黄、蓝三原色进行搭配。但色彩不能过于鲜艳或黯淡，否则会对儿童的视力和神经发育以及情绪造成不良的影响。

皮革软包　　　中空玻璃　　　反光灯带

柚木饰面板　　手工绣制地毯

松木板吊顶　　中空玻璃

纯毛地毯　　装饰画

装饰壁纸　　艺术墙贴

复合木地板　　装饰壁纸　　反光灯带

设 计 贴 士

床的健康高度是多少

　　440mm 是健康高度（通过被褥面距地面高度来测算）。很多人都喜欢像榻榻米一样的矮床，觉得这样的床简单方便。也有一些人常常把床下当成储物间，用小柜子把床垫得很高。其实，床沿离地面过高或过低，都会使腿不能正常着地，时间长了，腿部神经就会受到挤压。

柚木饰面板　　　　复合木地板

装饰壁纸　　　　复合木地板

纯毛地毯　　　　复合木地板

复合木地板　　　　松木板吊顶　　　　纯毛地毯

纯毛地毯　　　　装饰画

艺术墙贴　　实木地板　　装饰画

装饰壁纸　　　　镜面

装饰壁纸　　装饰画　　白色乳胶漆

布艺软包　　石膏角线　　装饰壁纸

复合木地板　　　　装饰字画

装饰壁纸　　反光灯带　　石膏板拼贴

皮革软包　　艺术玻璃　　创意搁板

装饰壁纸　　　　　竹木地板

壁纸的污染有哪些

壁纸的污染主要来自以下两个方面：一、壁纸本身释放出的挥发性有机化合物，如甲苯、二甲苯、甲醛等。尤其是聚氯乙烯胶面壁纸，由于原材料、工艺配方等原因，可能残留铅、钡、氯乙烯等有害物质，对人的健康造成威胁。二、壁纸胶粘剂产生的污染。胶粘剂主要分有机溶剂型和水基型两种。为了使其具有更好的浸透性，厂家在生产中常采用大量的挥发性有机溶剂。因此，胶粘剂在固化期内有可能释放甲醛、苯、氯乙烯等。

实木地板　　　　　装饰壁纸

实木地板　　　石膏板吊顶

纯毛地毯　　　　　装饰壁纸

木质窗棂造型　　复合木地板　　布艺软包

实木地板

材料贴士

绿色壁纸有什么特点

1. 无毒：无塑料涂层，印刷采用无毒无味的水性油墨，尤其是无纺布壁纸，一旦遇火燃烧分解成二氧化碳和水，对人无害。
2. 安全：经过防火阻燃处理，安全可靠；经过静电处理，不易吸附灰尘。
3. 透气：由于不加塑料涂层，所以壁纸的透气性极好，不影响墙体呼吸，能保持室内空气自然流畅。
4. 耐用：绿色环保壁纸防水、防潮、防霉、耐撕裂、耐磨损、耐老化、寿命长，用清水加清洁剂擦洗后便整洁如新。施工极为方便，易于更换，遮盖性与平整度很好。
5. 粘贴：布基壁纸不需要浸水，裱糊时墙面均匀涂胶即可粘贴。
6. 价格：进口产品每平方米 200～500 元，最高每平方米 900 元。

装饰壁纸　　　　红樱桃木饰面

反光灯带　　　　布艺软包

纯毛地毯　　　　装饰壁纸

艺术壁纸　　　　装饰壁纸

木质格栅　　　　纯毛地毯

纯毛地毯　　　装饰壁纸　　　反光灯带

石膏板吊顶　　　彩色乳胶漆

皮革软包　　　发光灯槽　　　实木地板

原木地板　　　白色乳胶漆　　　木质搁板

- 反光灯带
- 木质搁板
- 白色乳胶漆
- 复合木地板

Environmental home design and material application of 2000 cases

实木地板　　　石膏板吊顶

纯毛地毯　　　反光灯带　　　黑白根大理石

装饰画　　　装饰壁纸

布艺软包　　　木质搁板

材料贴士

怎样选购无毒壁纸

消费者在选购壁纸时，除了应考虑壁纸色调的相融性、图案的搭配、与家装整体风格的搭配外，更主要的是考虑其环保性能。一般来说，木纤维壁纸和加强木浆壁纸都是用木材等制成的，透气性和环保性能均较好，是健康家居的首选。但是，消费者在购买壁纸时，切不可轻信"进口"或有"环保绿色证书"就是好产品，而应将鼻子贴近产品，如果闻不到怪味，才可放心使用。

大理石台面　　　茶色玻璃　　　装饰壁纸

装饰壁纸　　　铝塑板饰面　　　复合木地板

手绘图案　　木质搁板　　　　皮革软包　　复合木地板　　石膏板吊顶

装饰壁纸　彩色乳胶漆　纯毛地板　　复合木地板　　　　实木造型混漆

艺术玻璃　　装饰画

实木地板　　　　　　装饰画

装饰壁纸

皮革软包

实木地板

木质搁板　　装饰画　　纯毛地毯

复合木地板　　艺术墙贴　　石膏板吊顶

反光灯带　　装饰画　　实木地板

复合木地板　　艺术地毯　　装饰壁纸

艺术玻璃　　装饰壁纸　　复合木地板

彩色乳胶漆　　装饰画

纯毛地毯　　艺术墙贴

装饰画　　装饰壁纸

混纺地毯　　　石膏板拓缝　　　木质窗棂造型　　　装饰画　　　聚酯玻璃

装饰画　　　复合木地板　　　皮革软包　　　纯毛地毯

创意搁板

彩色乳胶漆

实木地板

餐厅　卧室　书房　休闲区

65　Environmental home design and material application of 2000 cases

反光灯带　　　松木吊顶　　　复合木地板

装饰壁纸　　　　　　纯毛地毯

布艺软包　　　　彩色乳胶漆

艺术玻璃　　　　复合木地板

反光灯带　　　　　装饰画　　　装饰壁纸

彩色乳胶漆　　　　实木造型隔断

卧室适合粘贴壁纸吗

许多人认为，壁纸有毒，对人体有一定的伤害。研究表明，从壁纸生产技术、工艺和使用上来讲，所含的铅和苯等有害成分均小于其他化工建材，可以说基本无毒。因此，从环保方面看，卧室非常适合使用壁纸。需要注意的是，壁纸经过较长时间的使用后，容易发生变色现象，而且还不易清洗，这将会影响房间的整体装修效果。所以，消费者在装修卧室时，应慎重考虑是否粘贴壁纸。

装饰镜面　　　　布艺软包

纯毛地毯　　　　软木地板

亚克力背景板　　　　石膏板吊顶

胡桃木角线　　　　装饰壁纸

中空玻璃

纯毛地毯

纯毛地毯　　装饰壁纸

艺术墙贴　　装饰壁纸　　　　装饰壁纸　　装饰画

石膏板背景　　装饰壁纸　　　　纯毛地毯　　装饰壁纸

书　房

书房空间装饰设计——个性与内涵的体现

　　书房给主人提供了一个阅读、书写、工作和密谈的空间。其功能较为单一，但对环境的要求较高。首先要安静，给主人提供良好的物理环境；其次要有良好的采光和视觉环境，使主人能保持轻松愉快的心态。书房的布置形式与使用者的职业有关，不同的职业工作方式和习惯差异很大，要具体问题具体分析。在装饰设计风格上要和整个家居的气氛相和谐，同时又要巧妙地应用色彩、材质变化以及绿色环保材料等手段来创造出一个宁静温馨的工作环境。

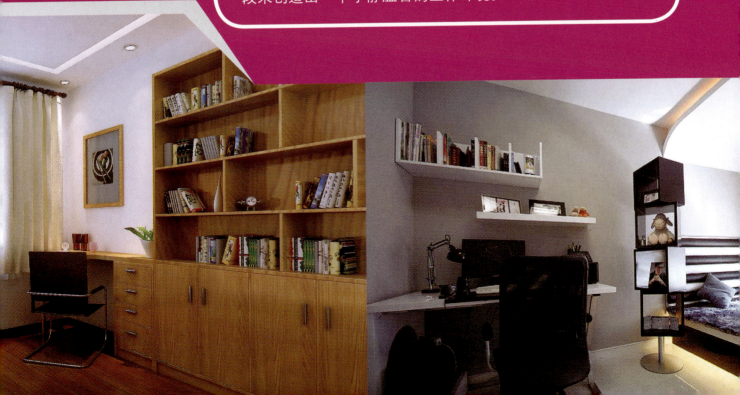

实木地板　　　白色乳胶漆

胡桃木博古架

实木地板　　　装饰壁纸

文化石贴面　　　竹制卷帘

装饰壁纸　　　纯毛地毯　　　木质格栅

反光灯带　　　白枫木饰面书柜

书房装修以静为先

安静对于书房来讲是十分必要的，因为人在嘈杂的环境中的工作效率要比安静环境中低得多。所以在装饰书房时要选用那些隔声吸声效果好的装饰材料。顶棚可采用吸声石膏板吊顶，墙壁可采用PVC吸声板或软包装饰布等装饰，地面可采用吸声效果好的地毯，窗帘要选择较厚的材料，以阻隔窗外的噪声。

樱桃木书柜　　　实木地脚线

铝制卷帘　　　白色乳胶漆

红樱桃木书柜　　　装饰画

复合木地板　　　彩色乳胶漆

复合木地板　　装饰壁纸

实木造型混漆

装饰壁纸

实木造型混漆　　红樱桃木书桌

布艺卷帘　　艺术玻璃

钢化玻璃　　　　柚木饰面板　　　　冰裂纹玻璃　　　　白色乳胶漆

白枫木饰面板　　　　装饰画　　　　装饰壁纸　　　　红樱桃木饰面

装饰壁纸　　　　实木地板　　　　彩色乳胶漆　　　　复合木地板

文化石拼贴　　　　红檀木书柜　　　　实木地板

设计贴士

书房照明如何设计才能更健康

书房一般选用吸顶灯做基础照明，吸顶灯安置在书房中央。光源推荐使用显色性强且让人长时间工作不容易疲劳的三基色灯管系列，要求光线明亮均匀，无阴影。在书房的重点照明部分，建议使用护眼节能型台灯，在硬件上充分保障眼睛的健康。

书房照明要使灯光能起保护视力的作用，还必须使灯具的主要照射面与非主要照射面的亮度比为10：1左右，这才适合人的视觉要求。另外，要使照度达到150lx以上，才能满足书写照明的要求。在色彩方面，书房灯光的颜色多使用冷色调，这有助于人的心境平和。因为长时间使用，所以以明亮的无彩色或灰棕色等中性颜色为佳。白炽灯光线柔和，荧光灯稍为刺眼，但也是不错的选择。

如果摆放有画作或者艺术品，就得用射灯增加立体感，一般在顶棚设置聚光投射灯，使雕刻品的轮廓显得更清楚而产生强烈的立体感。要注重的是对较名贵的古董，要小心选择灯具，应选择一些散热较少的灯具，即冷光灯，以免损坏古董。

装饰画　　　　　　　　纯毛地毯

白枫木书柜

钢化玻璃　　　　　　　复合木地板

白色乳胶漆　　　　　　木质搁板

红檀木书柜　　　　　　装饰画

柚木饰面板　　　复合木地板　　　白色乳胶漆　　　实木地板　　　白枫木饰面

木质搁板　　　复合木地板　　　装饰壁纸　　　复合木地板

成品布艺窗帘　　　装饰画　　　柚木饰面板

Environmental home design and material application of 2000 cases

松木板吊顶　　　装饰壁纸

装饰壁纸　　　白枫木饰面书柜

仿古砖地面　　　装饰壁纸

装饰壁纸　　　青砖饰面

创意搁板　　　复合木地板

什么是环保家具

环保家具是指那些立足于生态产业的基础上，合理开发、利用自然材料生产出来的能够满足使用者特定需求，有益于使用者健康，并且具有极高文化底蕴和科技含量的家具。其中包含几层含义：一是家具本身无污染、无毒害；二是要具有较高艺术内涵和审美功能，与室内设计相呼应，创造一个和谐优美的居家办公环境；三是便于回收、处理、再利用，当家具不再使用进行处理时，不会对环境造成污染。

艺术玻璃　　　　　　　　装饰壁纸

平板玻璃　　　　　　　　创意搁板

白色乳胶漆

实木地板　　　　　　　　胡桃木饰面

白枫木饰面书柜　　　　　纯毛地毯

装饰画　　　　　　　　　创意搁板

彩色乳胶漆　　铝制卷帘　　白枫木饰面书柜　　彩色乳胶漆

白色乳胶漆　　艺术玻璃　　仿古砖地面

木质搁板　　装饰壁纸　　混纺地毯　　复合木地板

艺术地毯　　胡桃木饰面书柜　　白枫木饰面书柜　　布艺卷帘

石膏板吊顶　　红樱桃木饰面　　装饰画

装饰壁纸　　装饰画

复合木地板　　白枫木饰面书柜

纯毛地毯　　实木地板

环保健康家具有什么要求

1．家具的用料取之自然，不产生对人体有害的物质。健康的产品都须采用环保木材，产品的甲醛含量严格控制在国家检测标准以下，不产生刺激性气味。用漆应选用无铅、无毒、无刺激性漆料，符合国际绿色标准。

2．家具的款式设计符合人体工程学设计，这不仅仅要求家具桌椅的高度及沙发的尺寸须符合人体的使用尺度，而且要求其在细节上凸显功能性的细致考虑。如将沙发坐面高度设计成人的小腿加上鞋后跟的高度或略低的高度等，从各个方面最大限度地保障消费者的身体健康。

3．家具应该形成整体风格，所采用的色彩不伤视力。家具的风格能否统一对居住者的心情有很大的影响，整体的统一风格能使居住其中的人感觉如沐春风，心情舒畅，相反，杂乱无章的家具风格无论采用如何高档的产品都无法带给人愉悦的心情。同时，健康的家具对色彩也有很高的要求，因为色彩对人的心理，特别是儿童的心理成长有一定的引导作用。

大理石台面　　艺术玻璃

装饰画　　　红樱桃木饰面

实木地板　　　木质搁板

抛光砖地面　　装饰画　　红檀木书柜

柚木饰面书柜　　　装饰壁纸

装饰壁纸　　　装饰画

实木书柜　　　实木地板

实木地板　　　桦木饰面书柜

艺术吊灯　　　中空玻璃

手工绣制地毯　　　　钢化玻璃

装饰壁纸　　　　实木地板

复合木地板　　装饰画

柚木饰面板　　　　复合木地板

实木地板　　柚木饰面书柜

铝制卷帘　　　　实木地板

设计贴士

书房家具如何选购

对于居住面积大的家庭来说，可以有专门的书房，面积小的家庭也可以一屋两用。书房家具主要有书柜、电脑桌（或写字台）、坐椅三种。选购时要注意：

1. 尽可能配套选购。这三种家具的造型、色彩应争取一致配套，从而营造出一种和谐的学习、工作氛围。色彩因人而异。一般来说，学习、工作时，心态须保持沉静平稳，色彩较深的写字台和书柜可优先选用。但在这个追求个性风格的时代，也不妨选择另类色彩，更有助于激发想象力和创造力。同时还要考虑整体色泽和其他家具和谐配套的问题。

2. 坐椅应以转椅或藤椅为首选。坐在写字台前学习、工作时，常常要从书柜中找一些相关书籍。带轮子的转椅和可移动的轻便藤椅可以给您带来不少方便。而且，根据人体工程学设计的转椅可以有效承托背部，应为首选。

3. 强度与结构要注意。书柜内的横隔板应有足够的承托力，以防日久天长被书压弯变形。写字台的台面支撑也要合理，沿水平面目测一下，检查

4. 写字台、书柜都可考虑量身定做。不但书柜可以优先考虑定做，写字台也可特制。如果两人同时在家办公和学习的写字台目前市场上难以寻觅，则不妨在沿窗子的墙面，做一个50cm左右宽、2m多长的条形写字台，则可同时满足两个人的需要。

竹木地板　　　中空玻璃

木质隔板　　　白色乳胶漆

成品布艺窗帘　　复合木地板

装饰壁纸　　复合木地板　　白色乳胶漆

复合木地板

休闲区

室内休闲区——现代都市的"减压阀"

对休闲区装饰设计应以视觉宽敞为原则,不宜搞得过于花哨,健康实用的空间只要稍加点缀和装饰即可,在温暖阳光的照耀下,带来了惬意而自然的舒适生活。所以,休闲区应选用合格的装饰材料,因为装饰材料的优劣直接影响了装修之后的室内空气质量。即便环保只能是有限的环保,而没有绝对的环保,但还是必须严格监测装修质量,保证一个尽可能健康舒适的空间。

磨砂玻璃　　装饰画

白色乳胶漆　　黑胡桃木饰面

文化石贴面　　中空玻璃

木质窗棂造型

中式隔断　　木质窗棂造型　　装饰壁纸

彩色乳胶漆　　　　　　　实木造型隔断

原木饰面板　　　　　　装饰画

柚木饰面板　　　　　　密度板拓缝

如何设计才能营造舒适的休闲区

1. 面积有限的居室一般没有专门的休闲室，如果客厅带有小阳台，通过简单的设计，这个空间就能马上变成娱乐休闲区域。装修时只需将阳台地面垫高5～10cm左右，地面刷上涂料，夏季时铺上竹席，冬季则换成地毯，阳台的布艺随着四季更替进行更换，整个工程造价不高，搭配也非常简单。

2. 如果卧室面积允许，利用宽敞的卧室也能够打造出减压空间。在卧室内看书、听音乐、游戏更加能够满足人们对私密感的追求。卧室内的墙面大多只铺贴了壁纸，其实，面积庞大的墙面可以配上简洁的隔板，休息时阅读的书籍、喜欢的饰品可以随时取阅，不但能够满足休闲需要，也将卧室与书房功能连接起来。

3. 如果室内有专门的休闲区，不妨来点新鲜创意，除了将其设计为饮茶室、下棋室，还可以给这个空间增加视听室、书房的功能，最大限度地开发空间功能。如果休闲室的面积足够，则可以分别规划出饮茶、视听等区域；如果面积有限，则可以选择性结合，例如饮茶室＋书房、下棋室＋视听室。

石膏板吊顶　　　　　　装饰壁纸

彩色乳胶漆　　　装饰画

复合木地板　　　白色乳胶漆

仿古砖地面　　　木质搁板

成品布艺窗帘　　　成品石膏雕刻

复合木地板　　　平板玻璃

手工绣制地毯　　　白色乳胶漆

纯毛地毯　　　柚木饰面板

竹木地板　　　装饰壁纸

艺术玻璃　　　装饰壁纸

材料贴士

家具的安全性不可忽视

家具必须具有较高的安全性以保障家人健康。家具的安全性一方面是指家具的强度能否符合规范，家具的棱角是否经过妥当的处理，以及其余设计上是否存在对老人或小孩的潜在危险。如儿童床、电脑桌、推几等，边角圆滑的外形肯定是首选，会避免孩子不小心磕碰而形成的危害。有些家具厂商为了逢迎儿童心理，在床的栏杆上会贴一些可爱的卡通形象，父母在筛选这类家具时，尤其是高架床，必须确认这类粘贴的外形能否有足够的抗冲击力，避免孩子在用力推拽时发生脱落。需要注意的还有护栏的宽度，过宽起不到掩护的作用，过窄又容易别住手指、脚趾。另外一方面，家具的安全性是指家具在制作过程中所运用的材料、胶、漆及工艺是否存在有害的化学物质，如罕见的各种有害金属（铅、水银等）、苯及游离甲醛等。尤其是不要过多运用油漆或胶粘剂，由于无论是含铅的油漆还是含苯、甲醛的胶粘剂，都有可能因孩子啃咬、柔嫩皮肤接触形成中毒或皮肤过敏。个别选择采用UV喷涂工艺或用金属穿钉替代胶粘剂的方式来制作的儿童家具，也可从基础上避免对孩子的危害。

钢化玻璃　　　创意搁板　　　白色乳胶漆

艺术地毯　　装饰画

纯毛地毯　　彩色乳胶漆

竹制卷帘　　木质搁板

松木吊顶　　实木地板

中空玻璃　　彩色乳胶漆

成品布艺窗帘　　复合木地板

装饰画　　白色乳胶漆

松木板吊顶　　白色乳胶漆

胡桃木　　　　　　　装饰壁纸

马赛克贴面　　　　　复合木地板

彩色乳胶漆　　　　　手工绣制地毯

装饰壁纸　　　　　　装饰画

材料贴士

环保家具选购窍门

1. 看材质、找标志：在购买家具时，要注意查看家具是用实木还是人造板材制作的，一般实木家具对室内造成污染的可能性较小。另外，要看看家具上是否有国家认定的"绿色产品"标志。凡是有这个标志的家具，一般都可以放心购买和使用。

2. 要了解厂家实力：在购买时要检查家具是否符合国家有关的环保规定，是否有相关的认证等。另外，可以了解一下家具生产厂家的情况，一般知名品牌、有实力的大厂家生产的家具，污染问题比较少。

3. 有刺激性气味要小心：在挑选家具时，一定要打开家具柜门或抽屉，闻一闻里面是否有很强的刺激性气味，这是判定家具是否环保的最简便而有效的方法。如果刺激性气味很大，证明家具采用的板材中含有很多的游离性甲醛，会污染室内空气，危害到健康。

4. 摸摸家具心里有底：如果通过以上三个办法，还无法判定家具是否环保，可以摸摸家具的封边是否严密，材料的含水率是否过高。因为严密的封边会把游离性甲醛密闭在板材内，不会污染室内空气；而含水率过高的家具不仅存在质量问题，还会加大甲醛的释放速度。

皮革软包　　　　　　装饰画

混纺地毯　　成品石膏雕刻

成品布艺窗帘　　纯毛地毯

装饰画　　铝制卷帘　　复合木地板

艺术地毯　　彩色乳胶漆

艺术地毯　　装饰壁纸

创意搁板　　　　装饰壁纸

中空玻璃　　　　仿古砖地面

木质搁板　　复合木地板

如何选购板式家具

材料贴士

1. "望"封边：从板式家具的封边上，能看出产品做工的精细程度，看封边是否有不平或翘起现象。品牌板式家具产品，贴面大都进行了完善处理，良好的封边，使有害气体扩散达到最低。

2. "闻"气味：板式家具中的游离甲醛可能会对居室空气造成污染，购买时要打开柜门或抽屉闻一下，如果有刺激性的气味，可能就是甲醛超标，最好不要购买。

3. "问"连接件：购买板式家具时，要问清经销商家具连接件的连接方式，并检查一下连接件，要用手试试螺钉是否牢固，开关能否自如，有没有噪声，表面镀层有没有剥落现象。如是偏心连接件，还要看连接件与板子镶得是否严密紧实。

4. "切"缝隙：市场上出售的板式家具多采用胶合板，可以从侧面看板面周围有没有起缝，如出现缝隙，说明工艺处理得不好。门缝、抽屉缝等活动部分的间隙以合适的为好，如果缝隙大，说明做工粗糙，时间长了还会变形。

中空玻璃　　　　白色乳胶漆

白枫木饰面书柜　　复合木地板　　装饰画　　深色大理石

实木地板　　木质搁板　　白色乳胶漆　　仿古砖地面

复合木地板　　白色乳胶漆　　装饰画

木质搁板　　　　　　　　彩色乳胶漆

设计贴士

沙发的健康高度是多少

单人沙发，座前宽不应小于48cm，小于这个尺寸，人即使能勉强坐进去，也会感到拥挤。座面的深度应在48～60cm。座面的高度应在36～42cm；双人或三人沙发的座面高度与单人沙发的座面高度标准一致，座面宽度则有相应变化。三人沙发每个人的座面宽度以45～48cm为宜，双人沙发的每人座面宽度可以更大，一般为50cm，视使用者胖瘦而定。沙发扶手一般高56～60cm。如果没有扶手，而用角几过渡的话，角几的高度应为60cm，以方便枕手或取物。

白色乳胶漆　　　　　　　纯毛地毯

纯毛地毯　　　　　　　　复合木地板

红樱桃木饰面　　　　　　复合木地板

文化砖拼贴　　　　　　　实木地板

复合木地板　　　　　　　聚酯玻璃

彩色乳胶漆　　　　　复合木地板

纯毛地毯　　　　　木质搁板

亚光面地砖　　　　　装饰镜面

复合木地板　　　　　胡桃木

竹木地板　　　　　铝制卷帘

石膏板吊顶　　　复合木地板

纯毛地毯　　　艺术墙砖拼贴

纯毛地毯　　　复合木地板

装饰壁纸

青砖饰面　　仿古砖地面　　装饰壁纸

如何选购沙发

1．面料：皮沙发所用皮革应柔软，无刀片伤；布面料拼接要保证图案完整，线条对齐对正；面料无明显色差，不应有油污和划伤；牙线要圆滑挺直。

2．结构：选购沙发时，要请销售人员打开沙发后身布，查看内部结构。沙发主体框架应采用榫结构，结合处应无松动或断疤。可用单腿压在座面上，再用双手扭动沙发后背，做工好的沙发，结构部分不应有松动和声响。

3．木材：沙发所用的木材应经干燥处理，木材含水率应小于13%，不得使用昆虫尚在继续侵蚀的木材。

4．簧：弹簧的装钉绷扎均应牢固，徒手重压座面应无金属摩擦声。

5．配件：各种装饰性配件应牢固无松动，金属配件和弹簧不得生锈，外露金属配件表面及边缘处应无明显毛刺和缺口。

6．油漆：油漆部位要平整光亮，无流油和皱皮，漆膜表面不得发黏。

7．泡沫：内部所用泡沫塑料要富有弹性，泡沫塑料的密度要合标准。

8．衬垫物：严禁使用不卫生的杂物和损害人体安全的物质做衬垫物，也不允许使用旧料和霉烂变质的衬垫物。

9．标识：不要选用无厂名、厂址、无商标和无产品合格证的"四无产品"。要选用有关部门推荐的名优产品。

电视柜的健康高度是多少

电视柜的高度应使使用者就座后的视线正好落在电视屏幕中心。以坐在沙发看电视为例，坐面高40cm，坐面到眼的高度通常为66cm，合起来是106cm，这是视线高，也是用来测算电视柜的高度是否符合健康高度的标准。若无特殊需要，地面到电视机的中心高度最好不要超过这个高度。如果挑选非专用电视柜做电视柜用，70cm高的柜子为高限。以29英寸的电视为例，机箱高60cm，柜子高70cm，加在一起是130cm，测算下来屏幕中心到地的高度约为110cm，这个高度正好符合正常收视的健康高度。如果选用的柜子高于70cm，则中心视线一定高于这一标准，容易形成仰视。

仿古砖地面　　　　　　　铂金壁纸

装饰画　　　松木板吊顶　　　装饰壁纸

装饰画　　　　　　　乳胶漆

装饰画　　　　　　　中空玻璃

彩色乳胶漆　　　　　仿古砖地面

复合木地板　　　　　　铝制卷帘